Verlagsbuchhandlung  von Julius Springer
in Berlin W 9, Linkstr. 23 24.

# Abderhalden,
# Synthese der Zellbausteine.

(Titel und Preis umstehend.)

### Inhaltsverzeichnis.

Die ersten Bewohner unserer Erde.
Leistungen der Pflanzenzelle.
Synthese der Zellbausteine durch die Pflanzenzelle.
Leistungen der Tierzelle.
Umbau der Nahrungsstoffe in körper-, blut- und zelleigene Produkte.
Umbau der Kohlehydrate.
Umbau der Fette.
Umbau der Phosphatide.
Umbau der Nukleoproteide.
Umbau der Eiweißstoffe.
Umbau der anorganisch-organischen Verbindungen.
Ausblicke auf die Störungen des Zellstoffwechsels.
Lösung des Problems der künstlichen Darstellung der Nahrungsstoffe.
Ausblick auf die Verwertung der Ergebnisse der Erforschung der Bedeutung der Verdauung der Nahrungsstoffe am Krankenbett.
Literatur.

## *Büchersettel.*

*An die* **Buchhandlung**

*in*

Verlagsbuchhandlung von  Julius Springer in Berlin.

Soeben erschien: Februar 1912.

# Synthese der Zellbausteine
## in Pflanze und Tier.

Lösung des Problems der künstlichen Darstellung der Nahrungsstoffe

von

Professor Dr. **Emil Abderhalden,**
Direktor des Physiologischen Institutes der Universität zu Halle a/S.

Preis M. 3,60; in Leinwand gebunden Preis M. 4,40.

**Inhaltsverzeichnis umstehend.**

Zu beziehen durch jede Buchhandlung.

Zu Bestellungen bitte die anhängende Karte zu benutzen.

---

Unterzeichneter bestellt hiermit durch die Buchhandlung

...........Expl. **Abderhalden, Zellbausteine.** Geb. M. 4,40.

...........Expl. Dasselbe Broschiert M. 3,60.

(Verlag von Julius Springer in Berlin.)

Ort und Datum: Name und Wohnung:

# Neuere Anschauungen über den Bau und den Stoffwechsel der Zelle

von

## Emil Abderhalden

o. ö. Professor der Physiologie an der Universität Halle

Vortrag gehalten an der 94. Jahresversammlung
der Schweizerischen Naturforschenden Gesellschaft
in Solothurn 2. August 1911

Zweite Auflage

Berlin
Verlag von Julius Springer
1916

ISBN-13: 978-3-642-98901-8   e-ISBN-13: 978-3-642-99716-7
DOI: 10.1007/978-3-642-99716-7

Meine Herren! Das Gebiet, neuere Anschauungen über den Bau und den Stoffwechsel der Zelle, das ich als Gegenstand für diesen Vortrag gewählt habe, ist ein so außerordentlich umfassendes, daß es weder möglich ist, es auch nur annähernd in seinen Grenzen abzustecken, noch irgendein einzelnes Problem in allen Einzelheiten erschöpfend zu behandeln. Ich muß mich daher darauf beschränken, einige Probleme, die von allgemeinerem Interesse sind, in ihren wesentlichsten Zügen zu erörtern. Wenn wir auf dem Gebiete der experimentellen Wissenschaften irgendeine Fragestellung in Angriff nehmen, dann suchen wir von soviel bekannten Größen auszugehen, als nur irgendwie möglich. Wir sichern uns so eine bestimmte Basis, auf die wir immer wieder zurückkommen können. Ist uns Bekanntes versagt, dann suchen wir wenigstens konstante Größen als Ausgangspunkt der einzelnen Versuche zu wählen. Hat z. B. der Chemiker eine bestimmte Substanz nach ihrer Zusammensetzung, ihrer Struktur und Konfiguration aufzuklären, dann wird er bemüht sein, durch bestimmte Operationen zu Verbindungen zu gelangen, die ihm bereits bekannt sind, oder für die er doch bestimmte Analogien kennt. Ist jedoch die Verbindung in ihrem ganzen Aufbau vollständig neuartig, dann hat er wenigstens das Ausgangsmaterial als konstante Größe, und ebenso wird es ihm gelingen, bei Innehaltung ganz bestimmter Bedingungen stets zu den gleichen Abbauprodukten zu gelangen, sodaß auch diese sich in die Reihe bestimmter Größen einordnen. Fragen wir uns, ob der Biologe in der gleichen Lage ist, wenn er über irgendwelche Vorgänge in der Zelle sich unterrichten will. Stellt die Zelle als solche eine bekannte Größe dar, oder ist sie wenigstens als eine konstante aufzufassen? Die erstere Frage müssen wir auch heute noch verneinen. Wohl kennen wir zahlreiche Bausteine der Zelle, doch fehlt uns noch der Einblick in die feinere Struktur der einzelnen Zellbestandteile, und vor allen Dingen wissen wir noch außerordentlich wenig über die Beziehungen der einzelnen Zellbausteine zueinander. Das ist auch der Grund, weshalb wir so außerordentlich viele Fragestellungen, welche die Vorgänge in der Zelle betreffen, nur indirekt beantworten können. Man hat versucht, inzelphasen des Zellebens, losgelöst von der Gesamtheit der Einzelvorgänge in der Zelle, für sich zu betrachten. Die so gewonnenen Ergebnisse sind dann mosaikartig zusammengefügt worden und aus dem erhaltenen Bilde hat man versucht sich ein Bild über die Vorgänge in der Zelle selbst zu machen. Betrachtet man jedoch dieses Bild genau, dann entdeckt man ohne weiteres große Lücken, und bei noch schärferem

Zusehen findet man, daß neben bestimmt festgestellten Tatsachen zahlreiche Hypothesen das Bild vervollständigen. Entfernt man diese, dann wird das Bild immer undeutlicher und immer schärfer tritt zutage, daß wir uns bei der Frage nach dem Zellstoffwechsel erst in den allerersten Anfängen befinden.

Die zweite Frage, ob die einzelne Zelle des Pflanzen- und des Tierreichs als eine konstante Größe zu betrachten ist, kann je nach der Art der Auffassung der Fragestellung nach zwei Richtungen hin beantwortet werden. Vergleichen wir die einzelnen Vorgänge in der Zelle von Moment zu Moment, dann können wir die Zelle unmöglich als eine konstante Größe bezeichnen. In keinem einzigen Augenblicke befindet sich die Zelle in vollständiger Ruhe. Fortwährend wechseln Aufbau und Abbau, Reduktion und Oxydation usw. Auch vom physikalischen Standpunkte aus betrachtet, befindet sich die Zelle wohl niemals im Gleichgewicht. Ohne daß von außen Stoffe zugeführt werden, kann z. B. die Zelle in ihrem Innern den osmotischen Druck fortwährend ändern. Bald entzieht sie der Lösung Kristalloide, indem sie diese zum Aufbau kolloider Stoffe benutzt; bald zerlegt sie umgekehrt Stoffe, die keinen Einfluß auf den Innendruck der Zelle haben, in einfachere Spaltprodukte, die wirkliche Lösungen bilden. Der osmotische Drcuk wird gesteigert. Handelt es sich bei diesen fortwährenden Veränderungen ohne Zweifel auch nur um Schwankungen, die für unsere Apparate kaum meßbar sind, so ist doch von diesen

Gesichtspunkten aus die Zelle, streng genommen, in keinem einzigen Moment eine wirklich konstante Größe. Befindet sich die Zelle wirklich einmal im Gleichgewicht, dann hat sie aufgehört zu leben. Betrachtet man jedoch nicht die Einzelvorgänge in der Zelle in den äußersten Feinheiten, sondern hält man sich an die Gesamtheit der Einzelprozesse, d. h. verfolgt man den Zellstoffwechsel und die daraus hervorgehenden Produkte qualitativ, dann kommen wir zu einem anderen Ergebnis. Es soll dieses an die Spitze des Vortrages gestellt werden. Wir werden dann versuchen, durch Erörterung bestimmter Probleme die aufgestellten Sätze zu stützen.

Jede einzelne Zelle des Pflanzen- und Tierreiches besitzt eine ganz bestimmte Struktur. Ihre Bausteine sind ganz spezifisch aufgebaut, Die verschiedenartigen Bestandteile der Zelle stehen unter sich in ganz bestimmten Beziehungen. Dieser für jeden Zelleib charakteristischen Bauart entsprechen auch ganz bestimmte Funktionen. Wir können sagen, daß der spezifische Bau der Zelle ausschlaggebend ist für die der Zelle eigenartigen Funktionen, und umgekehrt können wir dasselbe zum Ausdruck bringen, wenn wir betonen, daß bestimmten Funktionen eine ganz bestimmt geartete Zellstruktur entspricht. Die Grundlage für die eigenartige Struktur der Zelle jeder einzelnen Art ist durch den ganzen Aufbau der Geschlechtszellen gegeben. Dieser ist maßgebend für den Bau aller späteren Zellen.

Es seien aus der Fülle von Beobachtungen, welche zu der erwähnten Auffassung geführt haben, diejenigen hier erwähnt, welche am eindeutigsten und klarsten für den spezifischen Bau der einzelnen Zellelemente sprechen. Wir wollen von ganz einfachen Beobachtungen ausgehen.

Es erregte seinerzeit ganz außerordentliches Aufsehen, als Beobachtungen bekannt wurden, die zu beweisen schienen, daß selbst einzellige Lebewesen, bei denen sich mit unseren Hilfsmitteln nicht einmal mit Sicherheit ein Kern nachweisen ließ, Verstandestätigkeit zeigen. So führt u. a. Cienkowski an, daß das einzellige Lebewesen Vampyrella Spirogyrae unter zahlreichen verschiedenen Algenarten immer nur eine ganz bestimmte als Nahrungsmittel wählt. Legt man ihr die verschiedenartigsten Algenfäden vor, dann eilt sie von einer Art zur andern, bis sie die Algenart gefunden hat, die ihr als Nahrung dient. Betrachten wir diesen Befund auf Grund der Ergebnisse der neueren Forschung etwas genauer, dann können wir ihn sehr leicht seines mystischen Gewandes entkleiden. Die Tier- und Pflanzenzelle arbeitet, wie wir jetzt genau wissen, ganz allgemein mit Stoffen, die wir als Fermente bezeichnen. Diese Stoffe sind uns ihrem Wesen nach leider noch immer vollständig unbekannt. Wir erkennen sie nur an ihrer Wirkung. Wir wissen, daß die Fermente auf ganz bestimmte Stoffe (Substrate) eingestellt sind. Emil Fischer hat zum leichteren Verständnis der Beziehungen zwischen Ferment und Substrat ein sehr schönes Bild gebraucht. Er vergleicht das Ferment mit einem Schlüssel und das Substrat mit einem Schloß. Wie ein Schlüssel ganz bestimmter Art nur imstande ist, ein Schloß zu öffnen, das eine ganz bestimmte Struktur besitzt, so kann das Ferment ebenfalls nur Substrate erschließen, die in ihrem feinsten Aufbau dem besonders gestalteten Schlüssel entsprechen. Unser einzelliges Lebewesen ist ebenfalls mit Fermenten der verschiedensten Arten ausgerüstet. Es eilt mit seinen Schlüsseln von Alge zu Alge. Vergeblich sucht es die Zellwände aufzuschließen, um sich des Inhalts der Zelle zu bemächtigen. Der Schlüssel paßt eben nicht auf die vorhandenen Schlösser. Endlich stößt die Vampyrella auf eine Algenart, deren Zellwände sie zu erschließen vermag. Nun liegt der Zellinhalt frei und das Lebewesen kann sich ernähren. Nicht eine bestimmte Verstandestätigkeit ist somit ausschlaggebend für die Auswahl einer bestimmten Zelle, sondern den Ausschlag gibt die bestimmte ein für allemal festgelegte Beziehung zwischen der Struktur der Fermente und derjenigen der anzugreifenden Substrate. Sind durch diese Feststellung auch lange noch nicht alle Rätsel bei diesem Vorgange gelöst, so ist doch das ganze Problem auf eine exaktere und vor allen Dingen experimentell angreifbare Basis gestellt. Geblieben ist das Rätsel der Bildung der Fermente und geblieben ist auch die Frage nach der Struktur der Fermente und dem spezifischen Aufbau der einzelnen Substrate. Das eben erwähnte Beispiel hat neben dem speziellen Interesse noch ein viel allgemeineres. Das einzellige Lebewesen ist in diesem Falle ein außerordentlich feines Reagens auf die Zusammensetzung der Zellwände einzelner Algenarten. Wir sind zurzeit auf Grund unserer chemischen Kenntnisse nicht imstande, die Zusammensetzung der Zellwände verschiedener Algenarten irgendwie genauer zu kennzeichnen. Das einzellige Lebewesen kann das mit Hilfe der außerordentlich fein eingestellten Agentien, eben den Fermenten. So liefern denn diese den zwingendsten Beweis dafür, daß selbst die Wände von Zellen sehr nahe verwandter Arten in ihrer Zusammensetzung nicht identisch sind. Selbst hier bei diesen Substraten, die in der ganzen Pflanzenwelt die gleichen Funktionen zu erfüllen haben, nämlich die Zelle abzugrenzen und zu schützen, kommt der spezifische Aufbau jeder einzelnen Zellart klar zum Ausdruck. Sollte es glücken, irgendein Ferment seinem Wesen nach vollständig aufzuklären, und sollte gar ein solches Ferment synthetisch dargestellt werden, dann wird die ganze biologische Forschung einen neuen Impuls erhalten. Unzählige Fragestellungen werden schärfen formuliert werden können. Ein Rätsel nach dem andern wird gelöst werden und unzählige Hypothesen werden ihre Existenzberechtigung verlieren. An deren Stelle werden Tatsachen treten. Auch dem Chemiker eröffnet sich eine ganz ungeahnte Perspektive. Er wird in den Fermenten Reagentien von einer Feinheit erhalten, wie er sie noch niemals besessen hat. Er wird Fragen über Strukturverhältnisse und über die Konfiguration bestimmter Substrate mit Hilfe der Fermente in kürzester Zeit lösen können. Ein weiterer Beweis für die spezifische Struktur der Zellbausteine bestimmter Zellarten ergibt sich aus den folgenden einfachen Beobachtungen. Wenn wir zwei bestimmte Zellarten, z. B. bestimmte Mikroorganismen auf einem bestimmten Nährboden züchten, dann werden die beiden Zellen trotz der gleichartigen Nahrung im allgemeinen ihren Artcharakter unverändert bewahren. Wir können auch die gleichen Zellarten mit den mannigfaltigsten Nahrungsstoffen ernähren; es wird uns unter gewöhnlichen Verhältnissen nicht gelingen, einen Einfluß auf die Zusammensetzung der Zellbestandteile zu gewinnen. Die gleichen Beobachtungen machen wir auch bei den komplizierter gebauten Organismen der Pflanzen- und Tierwelt. Wir sehen auf derselben Wiese Pferde, Rinder, Hasen usw. weiden, und wir können Löwen, Hechte, Schlangen usw. monatelang mit der gleichen Fleischart füttern, es wird uns nicht gelingen, irgendeine dieser Arten nach irgendeiner Seite hin zu beeinflussen. Jede einzelne Tierart hält zäh an dem in den Geschlechtszellen übernommenen Bauplan fest. Schon diese einfache Beobachtung weist darauf hin, daß keine einzige Zelle unter normalen Verhältnissen die Nahrungsstoffe in unverändertem Zustand von außen übernimmt. Alle

Nahrungsstoffe, gleichgültig welcher Art, ob sie nun dem Pflanzenreich oder dem Tierreich entstammen, gehören zunächst bestimmten Zellen an. In diesen haben sie eine ganz bestimmte Rolle gespielt. Entsprechend unserer ganzen Auffassung des Zellaufbaues müssen diese Stoffe einen bis in die äußersten Feinheiten hinaus spezifischen Bau haben. Nun sollen diese Substanzen von einer anderen Zelle, die sicher ganz andere Funktionen zu erfüllen hat, übernommen werden. Die Zelle befindet sich in einer ganz ähnlichen Lage, wie ein Architekt, dem der Auftrag erteilt wird, aus einem Gebäude, das einen ganz bestimmten Zweck erfüllt hat und außerdem vielleicht noch einen ganz bestimmten Stil besitzt, ein anderes Gebäude, das einem ganz anderen Zweck dienen soll, zu bauen. Nehmen wir an, daß eine Kirche in ein Schulhaus umgebaut werden soll. Der Architekt wird sich nicht lange besinnen. An einen direkten Umbau wird er keinen Augenblick denken. Er wird vielmehr die Kirche vollständig abtragen. Baustein wird von Baustein gelöst. Nichts erinnert mehr an die ursprüngliche Struktur. Diese einfachsten Bausteine werden nunmehr von neuem zusammengefügt. Zum Teil können sie direkt übernommen werden, zum Teil werden sie erst behauen und dem ganzen Bau angepaßt, und so ergibt sich denn das neue Gebäude entsprechend dem aufgestellten Plane. Genau in der gleichen Weise verfährt nun auch die Zelle. Sie übernimmt nichts, ohne es erst vorher seiner spezifischen Bauart entkleidet zu haben. Für sie bedeutet jeder Nahrungsstoff in seiner ursprünglichen Form etwas vollständig Fremdartiges. Sie baut ihn so lange ab, bis nichts mehr an die spezifische Struktur erinnert. Dann übernimmt sie die einfachsten Bausteine und beginnt nun nach ihren eigenen Plänen zu bauen. Das einzellige Lebewesen kommt beständig mit den verschiedenartigsten Nahrungsstoffen in Berührung. Fortwährend trifft es auf Fremdartiges. Eine seiner wesentlichsten Tätigkeiten ist der Abbau dieser eigenartigen Nahrungsstoffe und der Aufbau zu Bestandteilen, die in das ganze Gefüge der Zelle hineinpassen. Auf diese Weise verhindert die Zelle, daß Fremdartiges sich ihr einfügt. Wäre das der Fall, dann würden sofort die in ganz bestimmten Bahnen sich abwickelnden Zellvorgänge in eine ganz andere Richtung gedrängt. Mit der Abänderung des Zellaufbaues wäre unmittelbar eine Veränderung der Funktionen der Zelle verknüpft. Der komplizierter gebaute Organismus, speziell das höher organisierte Tier hat die Umwandlung der Nahrungsstoffe in Bestandteile der Zelle in zwei große Phasen zerlegt. Der erste eingreifende Abbau vollzieht sich im Magendarmkanal. Hier sind Fermente vorhanden, welche Baustein von Baustein lösen. Die komplizierter gebauten Kohlehydrate werden in indifferente Zuckermoleküle, z. B. Traubenzucker zerlegt, die Fette in Alkohol und Fettsäuren gespalten, die Eiweißkörper zu Aminosäuren abgebaut usw. Auch die anorganischen Bestandteile, die sich mit organischen Verbindungen zu komplizierten

Molekülen zusammengefunden haben, werden abgespalten, und in Ionenformen vom Organismus übernommen. Die ganze Verdauungstätigkeit hat nicht nur den Zweck, die unlöslichen, nicht diffundierbaren Nahrungsstoffe in resorbierte überzuführen. Die Hauptaufgabe der Verdauungsfermente ist vielmehr die gründliche Zerstörung des spezifischen Aufbaues der einzelnen Nahrungsstoffe. Ein Gemisch gänzlich indifferenter Bausteine bleibt übrig und diese gelangen dann zur Resorption. Sie stehen teils den einzelnen Organzellen direkt zur Verfügung, zum Teil findet bereits in der Darmwand ein Aufbau zu komplizierteren Verbindungen statt. So entsteht z. B. aus Alkohol und Fettsäuren indifferentes Fett, und wahrscheinlich findet an demselben Orte auch eine Synthese von indifferentem Plasmaeiweiß aus den resorbierten Aminosäuren statt. Alle diese umgewandelten Nahrungsstoffe zirkulieren dann in der Blut- und Lymphbahn und stehen jeder einzelnen Zelle zur Verfügung. Diese bauen dann nach speziellen Plänen durch Ab- und Aufbau den übernommenen Stoff so um, daß er in die ganze Zelle mit ihrer spezifischen Struktur hineinpaßt. Die zweite Phase des Umbaus vollzieht sich. Die körpereigen gewordenen Stoffe werden zelleigen. Unsere Körperzellen erfahren niemals, welcher Art die aufgenommene Nahrung war. Ob wir eine bestimmte Fleischart als Eiweißnahrung wählen, oder diese aus dem Pflanzenreich beziehen, ist an und für sich unseren Organzellen ganz gleichgültig. Wenn nur die Möglichkeit besteht, daß die aufgenommenen Stoffe von den Fermenten des Magendarmkanales vollständig abgebaut werden können und das entstehende Gemisch einfachster Bausteine so beschaffen ist, daß kein Bestandteil von Bedeutung fehlt. So bildet denn der Magendarmkanal mit seinen Fermenten eine mächtige Barrière gegen die Außenwelt. Nie dringt etwas Fremdartiges in unseren Körper ein.

Auch die höher organisierte Pflanze arbeitet genau nach dem gleichen Prinzip, wir wir es eben für das Tier geschildert haben. Beginnt z. B. eine Pflanze zu keimen, dann beobachten wir, daß die verschiedenartigsten Organe hervorwachsen. Wir sehen die Bildung des Stengels mit Zellen eigener Art. Wir beobachten, wie die Blätter sprießen. Kurz, überall treten uns neuartige Zellen mit ganz bestimmten Aufgaben entgegen. Gleichzeitig bemerken wir, daß die im Samen aufgespeicherten Reservestoffe verschwinden. Sind diese von den neuen Zellen direkt übernommen worden? Die genaue Verfolgung des Keimungsprozesses hat gezeigt, daß das keineswegs der Fall ist. Mit dem Auftreten der Keimung beginnt sofort ein lebhafter Abbau der aufgespeicherten Stoffe. Es treten Fermente in Aktion. Alles wird in einfachste Bausteine zerlegt. Diese werden den neu sich bildenden, mit eigenartigen Aufgaben betrauten Zellen zugeführt. Diese bauen aus ihnen Zellbestandteile nach eigenen Plänen auf. Überall, wo wir hinblicken, erkennen wir ein zähes Festhalten jeder einzelnen Zellart an einer einmal gegebenen Struktur. Diese ist maßgebend nicht nur für die ganze Lebensdauer des einzelnen Individuums, sondern weit darüber hinaus für alle Nachkommen. Der einmal festgelegte Plan wird in den Geschlechtszellen weitergegeben und in allen Einzelheiten vom neuen Lebewesen bewahrt. Die Verdauungsfermente haben, von diesem Gesichtspunkte aus betrachtet, die hohe Bedeutung, bei der Erhaltung der speziellen Artcharaktere mitzuhelfen. Ausschlaggebend ist ihre Rolle nach dieser Richtung auch bei den höher organisierten Tieren nicht, wie wir gleich erfahren werden. Das Wesentliche ist vielmehr der ein für allemal für jede Zellart festgelegte Bauplan. Er ist in seinen Grundlagen für alle Zellen ein und derselben Art ein gegebener. Dazu kommt dann der spezielle Ausbau, der von Organzelle zu Organzelle wieder ein besonderer ist.

Sind die gegebenen Vorstellungen über die Bedeutung der Verdauung, in der wir kurz gesagt eine Entkleidung der spezifischen Struktur der aufgenommenen Nahrungsstoffe erblicken, richtig, dann muß der tierische Organismus ohne Zweifel eigenartig reagieren, wenn wir ihm nicht umgeprägte Nahrungsstoffe gewissermaßen aufzwingen. Wir können das leicht erreichen, indem wir bestimmte Nahrungsstoffe unter die Haut spritzen, d. h. mit andern Worten, wir entziehen die einzuführenden Stoffe der Kontrolle des Magendarmkanals mit seinen Fermenten. Es ist hier nicht der Ort, näher auf die interessanten Beobachtungen einzugehen, welche sich an diese Versuchsanordnung geknüpft haben. Unzählige Fragen der gesamten Immunitätsforschung berühren sich in diesem Punkte. Es sei nur ein einfaches Beispiel herausgegriffen, um zu zeigen, daß der tierische Organismus auf das Eindringen artfremder, nicht körpereigener Stoffe in seine Gewebe zunächst nicht eingerichtet ist. Geben wir einem Hunde Rohrzucker zu fressen, dann können wir dieses Disaccharid jenseits des Darmkanales nicht mehr nachweisen. Untersuchen wir den Harn, dann finden wir ihn zuckerfrei. Spritzt man eine kleine Menge von Rohrzucker unter die Haut, so erscheint der größte Teil des zugeführten Zuckers unverändert im Harn wieder, d. h. die Zellen der einzelnen Organe sind nicht imstande, den Rohrzucker zu verwenden. Er ist eben den Zellen fremdartig. Er kann nicht ohne weiteres von ihnen übernommen werden, wohl aber kann jede einzelne Körperzelle die Bausteine benutzen, die im Rohrzucker gebunden sind, Traubenzucker und Fruchtzucker, sobald diese selbst zur Verfügung stehen. Die genauere quantitative Verfolgung des Verhaltens des Organismus nach Zufuhr von Stoffen, die eine bestimmte, dem Körper fremdartige Struktur besitzen, hat ergeben, daß auch der kompliziert gebaute Organismus diesen nicht ganz machtlos gegenübersteht. Wie das einzellige Lebewesen genötigt ist, die verschiedenartigsten Nahrungsstoffe anzupacken und auch den Fermenten unseres Magendarmkanals die mannigfaltigsten Aufgaben gestellt werden, so passen sich die

Körperzellen, wenn sie dazu gezwungen werden, auch neuartigen Aufgaben an. Es beginnt eine richtige Verdauung jenseits des Darmkanales, und zwar spielt sie sich, wie es scheint, in der Hauptsache im Blute ab. Dieser ganze Vorgang läßt sich in sehr durchsichtiger Weise verfolgen. Entnehmen wir einem Hunde, der Rohrzucker gefressen hat, Blut, und bestimmen wir das Drehungsvermögen des Blutplasmas, dem wir etwas Rohrzucker zugesetzt haben, dann erhalten wir ein ganz bestimmtes Drehungsvermögen. Dieses bleibt auch nach vielen Stunden vollständig unverändert. Spritzt man dagegen einem Hund etwas Rohrzucker unter die Haut, und entnimmt man dann nach einiger Zeit Blut, dann verändert sich in vielen Fällen die Anfangsdrehung von Blutplasma und Rohrzucker im Laufe von Stunden fortwährend. Die Rechtsdrehung, welche zunächst beobachtet wird, geht allmählich in Linksdrehung über. Der zugesetzte Rohrzucker ist in seine Komponenten, Traubenzucker und Fruchtzucker, gespalten worden. Ganz analoge Beobachtungen hat man nach Einspritzung von Eiweißkörpern gemacht. Auch hier beobachten wir ganz neue Eigenschaften des Blutplasmas. Dieses ist im allgemeinen vor der Zufuhr des artfremden Stoffes nicht imstande, Proteine abzubauen. Erzwingen wir jedoch das Eintreten körperfremder Stoffe in die Blutbahn, dann macht die Zelle Fermente mobil und sendet diese den fremdartigen Stoffen entgegen, um sie durch Abbau ihrer spezifischen Struktur zu berauben. Wiederum entstehen einfachste indifferente Bausteine, aus denen dann die Zellen ihre eigenen Zellbestandteile aufbauen können. Der gleiche Vorgang, der sich normalerweise im Magendarmkanal vollzieht, ist in der Blutbahn vor sich gegangen. So sichert sich die Zelle die kostbaren Bausteine, die in dem fremdartigen Material enthalten sind. Ist der Organismus nicht in der Lage, sich derartige Stoffe durch weitgehenden Abbau nutzbar zu machen, so wird er versuchen, diese durch Ausscheidung aus dem Körper zu entfernen. Gelingt es ihm nicht, sich der Substanzen auf einem der genannten Wege zu entledigen, dann sind schwere Störungen im Ablaufe des Stoffwechsels der einzelnen Zelle zu befürchten. Das harmonische Zusammenarbeiten der verschiedenartigsten Körperzellen ist durch die Anwesenheit fremdartiger Produkte gestört.

Es sei hier kurz erwähnt, daß wir von den gegebenen Gesichtspunkten aus in der Lage sind, die **Infektionskrankheiten** und manche anderen **pathologischen Prozesse** in engem Zusammenhang mit unserer Auffassung des normalen Zellstoffwechsels zu betrachten. Solange der Organismus ein in sich abgeschlossenes Ganzes bildet, d. h. solange der Magendarmkanal mit seinen Fermenten darüber wacht, daß nichts Fremdartiges in den Organismus eindringt, und so lange nichts mit Umgehung des Magendarmkanals sich in unseren Organen festsetzt, ist die Garantie für ein einheitliches Zusammenarbeiten aller Körperzellen gegeben. Eine Störung kann nur eintreten, wenn die eine oder andere Zellart ihre Funktion einstellt, sei es, daß sie von Schädigungen der mannigfachsten Art getroffen wird, sei es, daß Zellen dadurch zur Aufgabe ihrer Funktionen gezwungen werden, daß bestimmte Sekrete, die für ihre Zellarbeit unerläßlich sind, von anderen Zellen nicht mehr geliefert werden. Das ganze Bild ändert sich sofort, wenn fremdartige Zellen in den Organismus eindringen. Das ist der Fall, wenn sich in unseren Geweben Mikroorganismen festsetzen. Diese haben ihrer Art entsprechend eine ganz spezifische Zellstruktur. Entsprechend ihrem eigenartigen Bau haben sie auch besondere Funktionen. Ihre Stoffwechselendprodukte sind eigener Art. Auch die abgegebenen Sekrete tragen den Stempel des spezifischen Zellbaus. Nun kreisen auf einmal in unserem Organismus fremdartige Produkte. Da und dort stirbt eine solche Zelle ab. Dadurch gelangen die fremdartigen Bausteine dieser Zellen mit ihrem eigenartigen Bau in den Kreislauf. Wir haben im Prinzip genau dieselben Verhältnisse, wie wenn fremdartigen Stoffen der Eingang in unseren Organismus durch Einspritzung erzwungen wird. Der Organismus wird sich diesen Stoffen gegenüber genau so verhalten, wie in unserem Beispiel, dem Rohrzucker und dem artfremden Eiweiß gegenüber. Er wird Fermente eigener Art mobil machen, um die Mikroorganismen und deren Bausteine zu zerlegen und auf diesem Wege versuchen, zu indifferenten Bausteinen zu gelangen. Die Mikroben selber wird er durch Absonderung bestimmter Stoffe zu töten trachten. Das allein genügt aber nicht. Es wird darauf ankommen, ob er, wie schon erwähnt, in der Lage ist, so rasch als möglich die fremdartigen Stoffe zu entfernen. Lange, nachdem die Invasion der Mikroorganismen glücklich abgeschlagen worden ist, kreisen im Organismus noch Fermente, die in der Lage sind, die betreffenden spezifischen Zellbestandteile zu zerlegen. Versagen die Zellen des Organismus, sind sie nicht imstande, das Fremdartige seiner Spezifität zu entkleiden, dann unterliegt er nach längerem oder kürzerem Kampfe. Das Fremdartige ist zu mächtig geworden. Der Zellstoffwechsel ist dauernd gestört.

Ganz analoge Verhältnisse, wie bei einer Infektion, haben wir offenbar auch bei den Karzinom und beim Sarkom und manchen anderen Veränderungen der Körperzellen. Auch hier haben wir Zellen mit fremdartiger Struktur und fremdartigen Funktionen vor uns. Sie knüpfen Beziehungen mit manchen normalen Zellen an. Sie senden Sekretionsprodukte eigener Art aus. Zerfällt eine solche Karzinomzelle, dann kreist ebenfalls etwas Fremdartiges im Organismus des Krebsträgers. Er wird auch versuchen, sich der fremdartigen Stoffe zu erwehren. Er wird Fermente ausschicken, um diese abzubauen, und auch hier wird sich ein Kampf entspinnen, ganz analoger Art, wie nach künstlicher Einführung körperfremder Stoffe oder nach einer Invasion körperfremder Zellen.

Alle bis jetzt erwähnten Vorgänge enthüllen ein

gemeinsames Bild, nämlich Zellen ganz bestimmter spezifischer Struktur, die lebhaft um ihre Existenz kämpfen. Sie weisen alles Fremdartige von sich. Mit großer Zähigkeit wird der ererbte Bauplan festgehalten, und damit wird auch für jede einzelne Zelle dauernd eine ganz bestimmte Funktion gewährleistet. Von diesem letzteren Gesichtspunkte aus ist die Auffassung der einzelnen Zelle als eine konstante Größe von ganz besonderer Bedeutung. Wir wissen jetzt, daß im tierischen Organismus und höchstwahrscheinlich auch im Pflanzenorganismus keine einzige Zellart ein Dasein für sich führt. Kein einziges Organ bildet ein in sich abgeschlossenes Ganzes. Jede Zelle gehört zunächst einer bestimmten Organisation an. Diese selbst hat jedoch dem gesamten Körper gegenüber bestimmte Aufgaben zu erfüllen. Jede einzelne Zelle liefert Stoffe, welche im gesamten Haushalte eine ganz bestimmte ein für allemal festgelegte Rolle spielen. Einige Beispiele mögen das eben Gesagte kurz erläutern.

Die Pankreasdrüse sendet z. B. die Vorstufe eines wichtigen Verdauungsfermentes in den Darmkanal. Es ist dies das Trypsinzymogen. Dieses ist nicht imstande, Eiweißkörper anzugreifen. Seine wirksame Gruppe ist auf irgendeine Weise verdeckt. Erst wenn diese Vorstufe mit einem zweiten Stoffe, der sogenannten Enterokinase, zusammentrifft, verwandelt sich das Zymogen in das wirksame Ferment. Die genannte Kinase wird von den Zellen des Darmes abgegeben. Wir haben also hier ein sehr schönes Beispiel des Zusammenwirkens ganz verschiedener Organe vor uns. Die Enterokinase hat an und für sich keine Bedeutung und ebensowenig kann die Pankreasdrüse mit dem Fermentzymogen irgend etwas anfangen. Durch das Zusammentreffen beider Stoffe wird erst das angestrebte Ziel — Abbau von Eiweißkörpern — erreicht. Versagt das eine oder andere Organ, dann ist eine empfindliche Störung gegeben. Entfernen wir die Pankreasdrüse aus dem Organismus, dann zeigt sich eine schwere Störung des Kohlehydratstoffwechsels. Im Harn tritt Zucker auf. Das pankreaslose Tier geht nach einiger Zeit zugrunde. Durch die Exstirpation der Bauchspeicheldrüse haben wir zunächst diejenigen Körperzellen, die Traubenzucker abbauen und als Kraftquelle benützen, keineswegs geschädigt. Sie funktionieren in normalen Bahnen weiter. Sie warten auf den Stoff, der zum Abbau des Traubenzuckers unentbehrlich ist. Nun bleibt er aus. Die Zelle kann den Traubenzucker nicht mehr in ausreichendem Maße angreifen. Er ist in gewissem Sinne für sie fremd geworden. Es fehlt das Werkzeug, um ihn aufsuzpalten, und so zirkuliert er unverbraucht im Organismus und erscheint als überflüssiger Ballast, als wertloses Material im Harn. Verpflanzen wir ein kleines Stück der Pankreasdrüse an irgendeine Stelle des Körpers, dann sehen wir, daß der Kohlehydratstoffwechsel wieder in normale Bahnen gelenkt wird. Die Zellen der Pankreasdrüse senden an die Lymph- und Blutbahn den für den Abbau der Kohlehydrtae so wichtigen Stoff wieder aus. Der Stoff allein kann Traubenzucker auch nicht angreifen. Er wirkt erst gemeinsam mit einem zweiten Stoff, den wohl alle Körperzellen besitzen. Ganz analoge Beobachtungen hat man bei fast allen Organen des tierischen Organismus gemacht. Die Schilddrüse, die Nebenschilddrüse, die Hypophyse, die Thymus, die Nebennieren, die Geschlechtsdrüsen usw., sie alle senden Stoffe aus, die im Organismus in anderen Organen ganz bestimmte Funktionen in die Wege leiten. Es unterliegt keinem Zweifel, daß nicht nur die Organe, die eben genannt worden sind, und für die es ganz gleichgültig ist, an welcher Stelle im Organismus sie sich befinden, — es genügt, wenn sie irgendeinen Zusammenhang mit der Blut- und Lymphbahn haben, — derartige Stoffe absondern, es spricht vielmehr sehr vieles dafür, daß überhaupt alle Zellen unter sich in Wechselbeziehung stehen. Es ist klar, daß eine Zusammenarbeit der verschiedenartigsten Organe mit ihren ganz spezifischen Zellarten nur dann möglich ist, wenn nichts Fremdartiges hemmend zwischen die einmal in bestimmte Bahnen geleiteten Funktionen tritt.

Geht man diesen Wechselbeziehungen zwischen den mannigfaltigsten Zellarten etwas tiefer auf den Grund, dann erkennt man in ihnen einen neuen Beweis dafür, daß die verschiedenartigsten Körperzellen eine konstante Struktur besitzen müssen, und zwar muß diese in feinster Weise physikalisch und chemisch abgestuft sein. Die von den Zellen abgesonderten Stoffe kreisen im Blut und in der Lymphe. Sie werden an den verschiedenartigsten Zellen vorbeigeführt. Sie entfalten ihre Wirkung jedoch nur auf ganz bestimmte Zellen. Das schönste Beispiel dieser Art haben wir bei den von den Nebennieren abgesonderten Suprarenin. Diese eigenartige Substanz wirkt nur auf Organe, die vom Nervus sympathicus innerviert sind. Ja es hat sich sogar gezeigt, daß das im Laboratorium dargestellte Suprarenin an Wirkung hinter dem von der Nebenniere abgesonderten zurücksteht. Das erstere ist optisch inaktiv. Es besteht aus einem rechtsdrehenden und einem linksdrehenden Anteil. Das in der Natur vorkommende Suprarenin ist optisch aktiv und dreht nach links. Es ist somit die Konfiguration des Suprarenins ausschlaggebend für seine Wirkung. Das nach rechts drehende Suprarenin ist viel weniger wirksam, und wenn man es optisch rein darstellen könnte, würde es sich vielleicht als ganz unwirksam erweisen. Diese Beobachtung zusammengenommen mit der Feststellung, daß überhaupt die von einzelnen Organen abgegebenen spezifischen Sekrete nur auf ganz bestimmte Zellarten einwirken, führt ohne weiteres zu der Vorstellung, daß wir auch hier engste Beziehungen zwischen der Struktur der von den Zellen abgegebenen Stoffe und derjenigen der einzelnen Körperzellen vor uns haben. Die spezifische Wirkung bestimmter Sekretstoffe weist uns direkt auf Strukturunterschiede der verschiedenen Zellarten hin. Ein besonders schönes Beispiel der gegebenen Vorstellungen liefert der Hermaphroditismus verus lateralis. Bei diesem finden wir Tiere (Enten, Dompfaff), welche, kurz gesagt, halb Mann und halb Weib sind. Schon die äußere Betrachtung dieser Individuen zeigt, daß genau in der Mittellinie des Körpers abgegrenzt, auf der einen Seite das schlichte Kleid des Weibchens sich findet, während auf der anderen Seite das farbenprächtige Gefieder des Männchens uns entgegentritt. Bei der Sektion solcher Tiere ergab es sich, daß auf der einen Seite eine männliche Geschlechtsdrüse, auf der anderen eine weibliche vorhanden war. Beide Drüsen geben an das Blut Stoffe ab. Wir können uns nun nicht vorstellen, daß der eine oder andere Stoff genau in der Mitte des Körpers Kehrt macht. Wir müssen vielmehr annehmen, daß die von dem Eierstock abgegebenen Stoffe und die vom Hoden sezernierten im gesamten Organismus an allen Zellen vorüberziehen. Weshalb setzt sich nun der Organismus dieser Tiere aus zwei verschiedenen Hälften zusammen. Weshalb greifen die männlichen und weiblichen Sekretionsstoffe die verschiedenartigen Körperzellen nicht gleichmäßig an? Offenbar deshalb nicht, weil eben bestimmte Beziehungen zwischen dem Aufbau des betreffenden Stoffes und der Zelle vorhanden sind. Die von der männlichen Geschlechtsdrüse abgegebenen Stoffe sind auf bestimmte Zellen eingestellt, und das gleiche gilt für die von den weiblichen Geschlechtsdrüsen sezernierten Produkte. Das Bild von dem Schlüssel und Schloß paßt auch hier.

Diese Feststellung zeigt uns gleichzeitig, daß die Auffassung, wonach die Sekrete der Geschlechtsdrüsen die sekundären Geschlechtscharaktere hervorrufen, unrichtig ist. Die einzelnen Zellen haben vielmehr von vornherein eine ganz bestimmte Struktur. Das Sekret der Geschlechtsdrüsen bringt die sekundären Geschlechtscharaktere nur zur Entwicklung. Eine gegebene Anlage wird zur vollen Blüte entfaltet.

Betrachtet man auf Grund der gegebenen Vorstellungen das Zusammenwirken der mannigfaltigen Körperzellen, dann kann man sich auch ein Bild machen, wie außerordentlich leicht Störungen des Zellstoffwechsels möglich sind. Die einzelnen Körperzellen sind gegenseitig auf sich angewiesen. Nur die Zusammenarbeit garantiert auf die Dauer einen harmonischen Ablauf des gesamten Zellebens. Wird eine Zelle in ihrer Funktion gestört, d. h. wird sie in ihrem Bau irgenwie verändert, z. B. durch Giftstoffe geschädigt, dann ist sie vielleicht nicht mehr in der Lage, einen bestimmten Sekretionsstoff, der nach unseren Vorstellungen einen bis in die äußersten Feinheiten stets gleichartigen Bau haben muß, abzugeben. Es kann aber auch sein, daß die Funktion der Zelle nach dieser Richtung hin nicht geschädigt ist. Sie ist aber vielleicht außerstande, auf Nachrichten, die ihr von anderen Zellen zugetragen werden, zu reagieren. Vergeblich klopft ein bestimmter Stoff an der Zelle an. Er findet das ihm zugehörige Substrat nicht mehr vor. Es ist vielleicht in ganz geringfügiger Weise verändert, doch das genügt schon, um es seiner Wirkung zu entziehen.

Hier sei noch kurz bemerkt, daß wir auf Grund der gegebenen Vorstellungen der Wechselbeziehungen zwischen Substrat und wirksamen Stoffen uns eine Vorstellung machen können, weshalb der tierische Organismus, trotzdem jede Zelle mit Fermenten vollgepfropft ist, sich nicht selbst verdaut. Wir wissen, daß in jeder Zelle Kohlehydrate, Fette, Eiweißstoffe usw. beständig abgebaut werden. Die Zelle besteht aber selber aus Eiweiß, aus Kohlehydraten und Fett. Gewiß sind diese Bestandteile keineswegs dauernde. Jede Zelle muß jedoch, soll sie nicht auf einmal in ihrem ganzen Bau zusammenstürzen, von Fall zu Fall Bestandteile besitzen, die im gegebenen Moment der Wirkung der Fermente entzogen sind. Man hat komplizierte Hypothesen aufgestellt, um eine Erklärung für die Unverdaulichkeit der Körperzellen zu geben. Man hat an sogenannte Antifermente gedacht. Wir brauchen diese komplizierten Vorstellungen keineswegs. Eine geringe Verschiebung in der Struktur und der Konfiguration der betreffenden Substanzen reicht vollkommen aus, um das Substrat den Fermenten unzugänglich zu machen. Eine geringe Umlagerung genügt wiederum, um Beziehungen zwischen Ferment und Substrat herzustellen.

Ohne Zweifel dürfen wir auch das **Nervengewebe** als einen Zellstaat auffassen, der dank seiner ganz spezifischen Struktur ebenfalls spezifische Sekrete aussendet. Seine Wirkung auf bestimmte Körperzellen bringt sicher nicht nur morphologische Beziehungen zum Audsruck, sondern ohne Zweifel auch Beziehungen in dem Sinne, wie wir sie eben für verschiedene Organzellen geschildert haben. Nur wird beim Nervengewebe, wenigstens zum Teil, die Blut- und Lymphbahn umgangen. Es kommt hier auf eine möglichst rasche Übermittlung zwischen verschiedenen Zellen an. Stoffe, die ans Blut und an die Lymphe abgegeben worden sind, haben noch mannigfache Gefahren zu überwinden, ehe sie zu der Körperzelle hingelangen, in der sie ihre Wirkung entfalten sollen. Bei all diesen Vorgängen handelt es sich ohne Zweifel um solche, die ein für allemal gegeben sind. Sie laufen in bestimmten Perioden ab oder regulieren sich rein chemisch oder physikalisch von der Zusammensetzung des Blutes resp. der Lymphe aus. Beim Nervengewebe haben wir eine direkte Übermittlung bestimmter Reize, und zwar handelt es sich hier um Vorgänge, die sehr rasch erfolgen und in fast allen Fällen ganz scharf umschrieben sind. Die Nervenzelle tritt in direkten Kontakt mit dem Substrat, auf das sie eingestellte Stoffe besitzt. Es besteht kein prinzipieller Unterschied in der Art der Wirkung. Stets spricht Zelle zu Zelle, sei es durch Vermittlung von Blut und Lymphe, sei es durch direkte Vermittlung mittelst Zellausläufern. Hier verrät der morphologische Bau die Beziehung, dort muß er erst mühsam erschlossen werden.

Unsere Vorstellungen über den Zellstoffwechsel, die Zellstruktur und die Wechselbeziehungen der einzelnen Zellen untereinander, speziell die engen Beziehungen zwischen der Struktur der wirksamen Stoffe und dem Substrat der Zelle eröffnen noch nach einer ganz anderen Richtung weite Ausblicke. Wir wissen, daß bestimmte Substanzen, die wir dem Körper zuführen, z. B. als Arzneimittel, nur auf ganz bestimmte Zellen eine Wirkung entfalten. Auch hier haben wir ohne Zweifel das gleiche Gesetz, das wir oben schon erörtert haben, Wechselbeziehungen zwischen wirksamen Stoffen und Substrat und diese Beziehungen sind gegeben durch die bestimmte Struktur. Wenn diese Vorstellungen richtig sind, dann kann man mit voller Bestimmtheit voraussagen, daß es glücken muß, das von Ehrlich, Uhlenhuth u. A. angestrebte Ziel einer zellspezifischen Therapie vollständig zu lösen. Hat jedes Lebewesen seine bestimmte Zellstruktur, dann muß es auch möglich sein, Verbindungen zu finden, die auf einen ganz bestimmten Zellbau eingestellt sind. Es muß Stoffe geben, die an allen unseren Körperzellen vorbeieilen, ohne einen Angriffspunkt zu finden. Sie sind nur auf ganz bestimmte Mikroorganismen eingestellt und greifen schädigend in ihren Zellstoffwechsel ein. Soll auf Grund der gegebenen Darstellungen das Problem einer zell(struktur)spezifischen Therapie restlos gelöst werden, dann wird man in erster Linie darnach zu trachten haben, Körper aufzubauen, die einen möglichst spezifischen Bau besitzen. Nach allen unseren Kenntnissen scheint das nur möglich zu sein, wenn wir von Verbindungen ausgehen, die asymmetrisch gebaut sind. Die überwiegende Mehrzahl der vom Tier- und Pflanzenreich produzierten Stoffe haben eine asymmetrische Struktur. Sie sind optisch aktiv. Die Zelle baut sich aus optisch aktiven Substanzen auf, die Sekretionsstoffe sind optisch aktiv; überall, wo wir hinblicken, begegnen wir nicht nur einer bestimmten Struktur, sondern auch einer bestimmten Konfiguration. Wir glauben voraussagen zu können, daß die Therapie der Zukunft im wesentlichen sich auf Verbindungen stützen wird, die in ihrem ganzen Wesen so aufgebaut sind, daß sie wie das Feremnt auf das Substrat passen. Man wird von einer zellspezifischen, d. h. struktur- oder noch besser konfigurations-spezifischen Therapie sprechen können.

Wir haben im Vorhergehenden die wichtigsten Ergebnisse zusammengefaßt, die uns dazu führen, die einzelne Zelle als ein Wesen aufzufassen, das einen ganz spezifischen Bau aufweist. Wir haben die Fermente und die von den Zellen abgegebenen Sekretionsprodukte als beste Beweise für unsere Anschauung ins Feld führen können. Die Erforschung des Zellstoffwechsels war jedoch keineswegs nur in der eben besprochenen Richtung festgelegt. Wie schon eingangs betont, hat man zahlreiche einzelne Phasen des Gesamtstoffwechsels in eingehender Weise studiert. Das wesentliche Stigma der neueren Forschung ist dadurch gegeben, daß man die Fragen, die man der Zelle vorlegt, immer präziser und immer direkter stellt. Dadurch ist eine immer eindeutigere Beantwortung der einzelnen Probleme gewährleistet. So hat man, um z. B. die Frage nach dem weiteren Abbau der einfachsten Bausteine der Nahrungsstoffe klarer beantworten zu können, die Zelle zum Teil ganz ausgeschaltet und nur mit ihrem Inhalte, dem Zellpreßsaft, gearbeitet. Ferner hat man der Zelle unzählige Verbindungen ähnlicher Konstitution vorgelegt und jedesmal geprüft, an welcher Stelle sie die einzelne Verbindung angreift. So hat man im Laufe der Zeit einen recht klaren Einblick in den stufenweisen Abbau der einzelnen Bausteine erhalten. Wir wissen jetzt ganz genau, daß die Zelle die einzelnen Stoffe niemals direkt verbrennt. Der Abbau erfolgt vielmehr von Stufe zu Stufe. Die Zelle kann in jedem Augenblicke Halt machen und das gebildete Bruchstück zum Ausgangspunkt neuer Synthesen machen. Die Tierzelle kann ebensogut, wie die Pflanzenzelle, Kohlehydrate in Fett verwandeln. Sie kann ferner die Kohlenstoffketten der Aminosäuren, benutzen, um Zucker aufzubauen. Kurz, die mannigfaltigsten Umwandlungen sind möglich. Wir können auch die Zelle durch eine größere Zufuhr von Sauerstoff nicht zwingen, die Verbrennungsprozesse zu steigern. Sie ist ein in weiten Grenzen unabhängiges Gebilde. Ihre eigenartige Struktur legt ihre gesamten Funktionen fest.

Die Zellarbeit vollzieht sich im wesentlichen mit

Hilfe von Fermenten. Mit dieser Feststellung ist allerdings nicht sehr viel gesagt. Solange die Fermente als solche uns unbekannt sind, solange ist es ausgeschlossen, vollständig klare Vorstellungen über jeden einzelnen Vorgang in der Zelle zu entwickeln. Wir können aber auch hier einen gewissen Ausgleich schaffen, indem wir den Zellfermenten möglichst gut bekannte Verbindungen vorlegen und beobachten, in welcher Art und Weise der Abbau vor sich geht. Ein Beispiel möge dieses Problem erläutern. Emil Fischer hat Aminosäuren, die einfachsten Bausteine der Eiweißkörper, säureamidartig zusammengefügt und die so aufgebauten Verbindungen Polypeptide genannt. Nimmt man optisch aktive Bausteine, dann erhält man optisch aktive Polypeptide. Diese zeigen ein Drehungsvermögen, das von dem der Bausteine gänzlich verschieden ist. Das folgende Beispiel erläutert in übersichtlicher Weise das eben Gesagte.

$$\underbrace{\underbrace{\text{d-Alanyl}}_{+2,4^0}\text{-}\overbrace{\underbrace{\text{glycyl-glycin}}_{0^0}}^{+30^0}}_{+50^0}$$

Das erwähnte Tripeptid dreht 30⁰ nach rechts. Wird beim Abbau zunächst Glykokoll abgespalten, dann bleibt das Dipepetid d-Alanyl-glycin übrig. Dieses dreht 50⁰ nach rechts. Wird dagegen zunächst d-Alanin abgespalten, dann erhalten wir das Dipeptid Glycyl-glycin. Dieses ist optisch inaktiv. Wenn wir das genannte

Tripeptid zusammen mit Zellfermenten in ein Polarisationsrohr bringen, dann muß die einfache Beobachtung des Verhaltens des Drehungsvermögens uns über die Art des Abbaues des angewandten Substrates Aufschluß geben. Steigt die Drehung, dann ist zunächst Glykokoll abgespalten worden. Fällt sie dagegen sofort, so ist zuerst d-Alanin frei geworden. Mit Hilfe dieser einfachen Methode ließ sich z. B. zeigen, daß Krebszellen in manchen Fällen anders wirkende Fermente besitzen als normale Zellen. Da die Fermente Sekretionsprodukte der Zellen sind und, wir wir betont haben, die Funktionen der Zelle von ihrem ganzen Aufbau abhängig sind, so dürfen wir aus dem Vorkommen atypisch wirkender Fermente auch auf einen eigenartigen Bau der Zelle schließen, von der das Ferment stammt.

Die gegebene Vorstellung der Bedeutung der Verdauung hat auf ein Problem, das seit vielen Jahren der Zukunftstraum zahlreicher Forscher gewesen ist, ein ganz neues Licht geworfen. Es ist dies das Problem der künstlichen Darstellung der Nahrungsstoffe. Wir können jetzt sagen, daß dieses Problem vollständig lösbar ist. Seine Lösung schien deshalb in noch so weiter Ferne zu liegen, weil alle Forscher, die sich mit ihm befaßt haben, von der Vorstellung beeinflußt waren, daß die Nahrungsstoffe in möglichst komplizierter Form vom Organismus aufgenommen werden. Es handelte sich um die Darstellung von Stärke, Zellulose, von Fetten, Eiweißkörpern usw., d. h. um die Darstellung von Verbindungen, über deren Struktur wir zum allergrößten Teile noch gar nicht orientiert sind. Jetzt hat sich das ganze Problem außerordentlich vereinfacht. Es genügt, wenn wir alle Bausteine der einzelnen Nahrungsstoffe gewinnen. Wir brauchen Traubenzucker, Alkohol, z. B. Glyzerin und Fettsäuren, die Aminosäuren, ferner die anorganischen Elemente. Alle die genannten Stoffe sind bereits synthetisch gewonnen worden. Es ist auch umgekehrt geglückt, durch vollständigen Abbau, z. B. von Fleisch, zu den einfachsten Bausteinen — vollständige Aufspaltung im Reagensglase mit Fermenten und mit Säuren — Fleisch als solches in der Nahrung von Menschen und Hunden vollständig zu ersetzen. Die indifferenten einfachsten Bausteine genügen, um den gesamten Stoffwechsel vollständig zu bestreiten. Durch die Verdauung im Reagensglase ersparen wir dem Organismus den Abbau der Nahrungsstoffe im Magendarmkanal. Wir berauben ihn jedoch durch die Zufuhr der einfachsten Bausteine einer außerordentlich feinen Regulation, die er im stufenweisen, ganz allmählich fortschreitenden Abbau der Nahrungsstoffe besitzt. In seinem Magendarmkanal bilden sich von Moment zu Moment immer nur Spuren der einfachsten Bausteine. Diese werden sofort resorbiert, und so wird verhindert, daß auf einmal größere Mengen einfachster Bausteine in den Körper übertreten. Der stufenweise Aufbau hält der Resorption gewissermaßen das Gleichgewicht. Führen wir dagegen dem Organismus ausschließlich die einfachsten Bausteine zu, dann ist die Gefahr einer Überschwemmung mit diesen gegeben. Die direkten Versuche an Hunden und Menschen haben gezeigt, daß es möglich ist, die genannten Organismen mit dem Gemisch einfachster Bausteine wochenweise, ja monatelang bei vollstem Wohlbefinden zu erhalten. Ja es scheint, daß vollständig abgebaute Nahrungsstoffe berufen sind, in der Krankenbehandlung eine ganz hervorragende Rolle zu spielen. Liegt die Tätigkeit der Magendarmfermente darnieder, oder wünscht man den Magendarmkanal ruhig zu stellen, dann kann man vom Rektum aus — das Passieren des Magendarmkanales ist ja in diesem Falle, da der Abbau schon vollzogen ist, überflüssig — eine vollständige Ernährung erzielen. Auch der Säugling, der ja sehr oft eine gestörte Verdauung besitzt, wird vielleicht Nutzen aus dieser neuesten Erkenntnis der Bedeutung des Wesens der Verdauung ziehen. Ist die Möglichkeit, Nahrungsstoffe im Laboratorium künstlich darzustellen, auch gegeben, so wird ihre Synthese wohl praktisch, man möchte fast sagen glücklicherweise, niemals eine Rolle spielen. Die Pflanze arbeitet viel schneller, billiger und vor allen Dingen viel zweckmäßiger. Von diesem Gesichtspunkte aus haben die Chemiker das Problem der Synthese von Nahrungsstoffen schon längst gelöst. Seitdem Graebe und Liebermann das Alizarin, den Farbstoff der Krappwurzel im Laboratorium synthetisch dargestellt haben, ist dieser Pflanze eine mächtige Konkurrenz erwachsen.

Die Technik hat in diesem Kampfe den Sieg davon getragen. Gewaltige Länderstrecken, die früher dem Anbau der Krappwurzel dienten, sind frei geworden. Sie stehen dem Getreidebau wieder zur Verfügung. Im Laufe der Zeit ist die Technik noch in gar manchem Falle mit Naturprodukten mit Erfolg in Wettstreit getreten. Ja in neuester Zeit ist es sogar geglückt, Kautschuk synthetisch darzustellen.

Der Landwirt konnte sich bis vor kurzem dieser großen Erfolge nicht recht erfreuen. Die frei gewordenen Länderstrecken waren für ihn nicht ohne weiteres verwertbar. Es drohte Mangel an gebundenem Stickstoff. Das bereits bebaute Feld litt bereits an Stickstoffhunger. Jetzt können wir den Erfolgen der Chemiker und der Physiker mit ungeteilter Freude folgen, ist es doch den gemeinsamen Bemühungen dieser Forscher gelungen auf verschiedenen Wegen den freien Stickstoff der Luft zu binden und gewaltige Mengen davon der Pflanze zuzuführen. Der Pflanzenbau kann sich immer weiter ausdehnen, der Ackerboden immer mehr ausgenutzt werden. Dadurch, daß wir der Pflanze immer bessere Existenzbedingungen schaffen, eröffnen wir gleichzeitig der Tierwelt eine bessere Zukunft. Pflanze und Tier stehen in direkten Wechselbeziehungen. Die Pflanze übernimmt die vom Tier abgegebenen Stoffe. Stirbt das Tier, dann wird von eifrig tätigen Mikroorganismen Baustein von Baustein gelöst. Der ganze stolze Bau wird restlos zertrümmert. Aus den Trümmern erhebt sich gar bald die Pflanze mit ihrem eigenartigen Bau. Da, wo eben noch der Tod Ernte zu halten schien, leuchtet uns die Blütenpracht der Pflanzenwelt entgegen, und schon erscheint ein Tier auf der Bildfläche. Es übernimmt die von der Pflanze aufgebauten Stoffe. Seine Fermente zerstören im Magendarmkanal den wundervollen Bau der einzelnen Zellen. Indifferente Bausteine stehen nunmehr den Gewebszellen zur Verfügung. Eigenartige Zellen mit besonderen Funktionen erstehen. Jede einzelne Zelle ist bis in die äußersten Feinheiten in bestimmter Weise ausgebaut. Aus Pflanzenstoffen hat sich ein Tier ganz bestimmter Art entwickelt. Auch sein Leben ist kein dauerndes. Schon stürzt sich auf das pflanzenfressende Tier ein fleischfressendes und bezieht so indirekt ebenfalls seine Zellbausteine und die Stoffe, die zur Erhaltung seines Kraftstoffwechsels notwendig sind, aus der Pflanzenwelt. So lösen sich Pflanze und Tier und Tier und Pflanze in beständigem Reigen ab. Vor unsern Augen entrollt sich unmittelbar das ewige Leben auf Erden.

Verlag von Julius Springer in Berlin.

**Physiologisches Praktikum.** Chemische und physikalische Methoden. Von Professor Dr. **Emil Abderhalden**, Direktor des Physiologischen Instituts der Universität zu Halle a. S. Mit 271 Figuren im Text. 1912. Preis M. 10,—; in Leinwand gebunden M. 10,80.

**Synthese der Zellbausteine in Pflanze und Tier.** Lösung des Problems der künstlichen Darstellung der Nahrungsstoffe. Von Professor Dr. **Emil Abderhalden**, Direktor des Physiologischen Instituts der Universität zu Halle a. S. 1912. Preis M. 3,60; in Leinwand gebunden M. 4,40.

**Abwehrfermente.** Das Auftreten blutfremder Substrate und Fermente im tierischen Organismus unter experimentellen physiologischen und pathologischen Bedingungen. Von Professor Dr. **Emil Abderhalden**, Direktor des Physiologischen Instituts der Universität zu Halle a. S. Vierte, bedeutend erweiterte Auflage. Mit 55 Textfiguren und 4 Tafeln. 1914. In Leinwand gebunden Preis M. 12,—.

**Biochemisches Handlexikon.** Bearbeitet von hervorragenden Fachgelehrten. Herausgegeben von Professor Dr. **Emil Abderhalden**, Direktor des Physiologischen Instituts zu Halle a. S. In sieben Bänden:
I. Band, 1. Hälfte. 1911.
Preis M. 44,—; gebunden M. 46,50.
I. Band, 2. Hälfte. 1911.
Preis M. 48,—; gebunden M. 50,50.
II. Band. 1911. Preis M. 44,—; gebunden M. 46,50.
III. Band. 1911. Preis M. 20,—; gebunden M. 22,50.
IV. Band, 1. Hälfte. 1910. Preis M. 14,—.
IV. Band, 2. Hälfte. 1911. Preis M. 54,—;
mit der 1. Hälfte zusammen gebunden M. 71,—.
V. Band. 1911. Preis M. 38,—; gebunden M. 40,50.
VI. Band. 1911. Preis M. 22,—; gebunden M. 24,50.
VII. Band, 1. Hälfte. 1910. Preis M. 22,—.
VII. Band, 2. Hälfte. 1912. Preis M. 18,—;
mit der 1. Hälfte zusammen gebunden M. 43,—.
VIII. Band (1. Ergänzungsband). 1914.
Preis M. 34,—; gebunden M. 36,50.
IX. Band (2. Ergänzungsband). 1915.
Preis M. 28,—; gebunden M. 30,50.

Ausführliche Probelieferung (100 Seiten Umfang) mit Inhaltsverzeichnis und Sachregister des vollständigen Werkes sowie Probeseiten steht auf Wunsch kostenlos zur Verfügung.

Zu beziehen durch jede Buchhandlung.

Verlag von Julius Springer in Berlin.

**Monographien aus dem Gesamtgebiet der Physiologie der Pflanzen und der Tiere.** Herausgegeben von F. Czapek-Prag, M. Gildemeister-Straßburg, E. Godlewski jun.-Krakau, C. Neuberg-Berlin, J. Parnas-Straßburg. Redigiert von F. Czapek und J. Parnas. Band I: **Die Wasserstoffionenkonzentration**, ihre Bedeutung für die Biologie und die Methoden ihrer Messung. Von Professor Dr. Leonor Michaelis, Privatdozent an der Universität Berlin. Mit 41 Textfiguren. 1914.
Preis M. 8,—; in Leinwand gebunden M. 8,80.

**Das Leben.** Sein Wesen, sein Ursprung und seine Erhaltung. Von **E. A. Schäfer**, LL. D., D. Sc., M. D., F. R. S., Prof. der Physiologie an der Universität Edinburgh. Autorisierte Übersetzung aus dem Englischen von Charlotte Fleischmann. 1913.
Preis M. 2,40.

**Energie, Leben und Tod.** Vortrag, gehalten in Wien in der „Wiener Urania" am 7. Februar 1914. Von **Franz Tangl**, o. ö. Professor an der Universität Budapest. 1914.
Preis M. 1,60.

**Instinkt und Erfahrung.** Von **L. Lloyd Morgan**, D. Sc., LL. D., F. R. S., Professor an der Universität zu Bristol. Autorisierte Übersetzung von Dr. R. Thesing. 1913.
Preis M. 6,—; in Leinwand gebunden M. 6,80.

**Umwelt und Innenwelt der Tiere.** Von **J. von Uexküll**, Dr. med. hon. c. 1909.
Preis M. 7,—; in Leinwand gebunden M. 8,—.

**Biologie des Menschen.** Aus den wissenschaftlichen Ergebnissen der Medizin für weitere Kreise dargestellt. Unter Mitwirkung von Dr. Leo Heß, Prof. Dr. Heinrich Joseph, Dr. Albert Müller, Dr. Karl Rudinger, Dr. Paul Saxl, Dr. Max Schacherl herausgegeben von Dr. **Paul Saxl** und Dr. **Karl Rudinger**. Mit 62 Textfiguren. 1910.
Preis M. 8,—; in Leinwand gebunden M. 9,40.

Zu beziehen durch jede Buchhandlung.

If you have any concerns about our products,
you can contact us on
**ProductSafety@springernature.com**

In case Publisher is established outside the EU,
the EU authorized representative is:
**Springer Nature Customer Service Center GmbH
Europaplatz 3, 69115 Heidelberg, Germany**

Printed by Libri Plureos GmbH
in Hamburg, Germany